LEVEL
1

KB197101

사이언스 리더스
동물의
한살이

시라 에반스 지음 | 송지혜 옮김

비룡소

시라 에반스 지음 | 전 세계 여러 나라에서 영어를 가르치다가 2001년부터 교육 분야의 책을 쓰기 시작했다. 유치원부터 고등학교까지 수업에서 활용할 수 있는 책, 교사 가이드, 온라인 활동 콘텐츠를 기획하고 썼다.

송지혜 옮김 | 부산대학교에서 분자생물학을 전공하고, 고려대학교에서 과학언론학으로 석사 학위를 받았다. 현재 어린이를 위한 과학책을 쓰고 옮기고 있다.

이 책은 미국 미시간주 밀라노 지역 학교 교장인 킴벌리 길로우와
어린이 과학책 작가 미셸 해리스가 감수하였습니다.

내셔널지오그래픽 키즈 사이언스 리더스
LEVEL 1 동물의 한살이

1판 1쇄 찍음 2024년 12월 20일 1판 1쇄 펴냄 2025년 1월 15일
지은이 시라 에반스 **옮긴이** 송지혜 **펴낸이** 박상희 **편집장** 전지선 **편집** 이혜진 **디자인** 김연화
펴낸곳 (주)비룡소 **출판등록** 1994.3.17.(제16-849호) **주소** 06027 서울시 강남구 도산대로1길 62 강남출판문화센터 4층
전화 02)515-2000 **팩스** 02)515-2007 **홈페이지** www.bir.co.kr **제품명** 어린이용 반양장 도서 **제조자명** (주)비룡소
제조국명 대한민국 **사용연령** 3세 이상 ISBN 978-89-491-6904-0 74400 / ISBN 978-89-491-6900-2 74400 (세트)

사진 저작권 Cover, Jonathan Fife/Getty Images; 1, paylessimages/Getty Images; 3, proxyminder/ Getty Images; 4, Luke Wait/Shutterstock; 5(UP), Eric Isselée/Shutterstock; 5 (LO), Gerard Lacz/REX/Shutterstock; 6, Andreyn Nekrasov/ imageBROKER/REX/Shutterstock; 7, Muhammad Naaim/Shutterstock; 8 (LE), StuPorts/Getty Images; 8 (RT), Mitsuaki Iwago/Minden Pictures; 9 (UP), Anup Shah/ Minden Pictures; 9 (CTR LE), Jon Graham/ Shutterstock; 9 (CTR RT), gnomeandi/ Shutterstock; 9 (LO), bookguy/Getty Images; 10-11, Sean Crane/Minden Pictures; 12 (UP), Will E. Davis/ Shutterstock; 12 (LO), David Kjaer/Nature Picture Library; 13, Orhan Cam/ Shutterstock; 14-15, Peter Lilja/Getty Images; 15, Marc Gottenbos/Minden Pictures; 16 (UP LE), Andy Dean Photography/Shutterstock; 16 (UP RT), LifetimeStock/ Shutterstock; 16 (CTR), DenisNata/Shutterstock; 16 (LO LE), Anan Kaewkhammul/Shutterstock; 16 (LO RT), Gelpi/ Shutterstock; 17 (UP), KAMONRAT/Shutterstock; 17 (CTR LE), Andy Dean Photography/Shutterstock; 17 (CTR), Gelpi/ Shutterstock; 17 (CTR RT), Melinda Fawver/Shutterstock; 17 (LO), Eric Isselée/Shutterstock; 18-19, David Tipling/ Nature Picture Library; 19, Fabio Liverani/ Nature Picture Library; 20-21, Harry Rogers/ Getty Images; 22, Thomas Marent/ Minden Pictures; 23, FLPA/REX/Shutterstock; 24, Stephen Dalton/Minden Pictures; 25, Dale Sutton/2020VISION/Nature Picture Library; 26-27, GlobalP/Getty Images; 28-29, Kim Taylor/Nature Picture Library; 30-31, Silvia Reiche/Minden Pictures; 32, blickwinkel/ Alamy Stock Photo; 33 (UP), blickwinkel/ Alamy Stock Photo; 33 (LO), Education Images/UIG via Getty Images; 34, Silvia Reiche/Minden Pictures; 35 (UP), Kim Taylor/ Nature Picture Library; 35 (LO), Matauw/Getty Images; 36, Somyot Mali-ngam/Shutterstock; 37 (UP), Terryfic3D/Getty Images; 37 (CTR), image2roman/Getty Images; 37 (LO), mauribo/ Getty Images; 38, VitalisG/Getty Images; 39, Steve Downer/ARDEA; 40, Alex Huizinga/ Minden Pictures; 41, Rene Krekels/Minden Pictures; 42, Anteromite/Shutterstock; 43, irin-k/Shutterstock; 44, Volodymyr Goinyk/ Shutterstock; 45 (UP), Julie Lubick/ Shutterstock; 45 (LO), vkilikov/Shutterstock; 46, Butterfly Hunter/Shutterstock; 47 (UP), Subbotina Anna/Shutterstock; 47 (CTR), Alex Staroseltsev/Shutterstock; 47 (LO), halimqd/ Shutterstock; Top border and background (throughout), Jane Burton/Minden Pictures; 48 (UP LE), Muhammad Naaim/Shutterstock; (UP RT), Kim Taylor/Nature Picture Library; (LO LE), Harry Rogers/ Getty Images; (LO RT) Alex Huizinga/ Minden Pictures; vocabulary boxes, Yulia Bikirova/ Shutterstock

이 책의 차례

1장

새끼가 태어났어!

정글의 왕 사자는 **새끼**를 낳아.

달리기 선수 타조는 **알**을 낳지.

시간이 지나면 알을 깨고 새끼가 태어나.

모든 동물은 새끼나 알을 낳아.

새끼는 몸집이
작아. 자라면서 점점
커지지. 크면서 생김새가
변하기도 해.

범고래는 바닷속에서
새끼를 낳아.

은색랑구르 새끼는 털이
밝은 주황색이야.
자라면서 검은색으로 변해.

어떤 새끼는 생김새가 **어미**와 똑 닮았어.
또 어떤 새끼는 생김새와 털 색깔이
어미와 전혀 달라.

새끼는 무럭무럭 자라서 **성체**가 돼. 그리고

새끼나 알을 또 낳아. 이처럼 동물이

태어나고 자라서 새끼나 알을 낳는

과정을 **동물의 한살이**라고

한단다.

나비가 식물의 줄기에
알을 낳고 있어!

**한살이
용어 풀이**

성체: 다 자라서 새끼나
알을 낳을 수 있는 동물.

생각이 쑥쑥!
한살이 탐구

여기 있는 동물들을 잘 살펴봐.
어떤 동물이 어미이고, 어떤 동물이
새끼인지 사진을 가리키면서 말해 보자.

2장

어디가 닮았을까?

쪽! 두 기린이 뽀뽀하고 있네.

왼쪽이 새끼 기린, 오른쪽이 어미 기린이야.

어떻게 아냐고? 어미가 새끼보다 몸집이

훨씬 크니까!

이번엔 닮은 점을 찾아보자. 두 기린은 모두 목이 길어. 그래서 키가 큰 나무의 나뭇잎도 뚝뚝 따 먹지. 둘 다 몸에 무늬가 있는 것도 똑같아.

무시무시한 악어도 만나 볼까?

새끼 악어는 알을 깨고 나와. 알에서 갓

태어난 새끼 악어는 몸집이 아주 작아. 마치

도마뱀 같아 보이기도 해. 그렇지만 어미와

닮은 점도

아주 많단다.

어미 악어는 새끼를
머리나 등 위에 올려놓고
적으로부터 보호해.

새끼는 어미처럼 피부를 덮은 비늘이
딱딱하고 울퉁불퉁해. 이 비늘은 뜨거운 태양
볕으로부터 몸을 지켜 줘. 새끼는 어미처럼
날카로운 이빨도 있어. 덜덜덜.

새끼 올빼미도 알을 깨고 나와.

새끼 올빼미는 부드럽고 폭신폭신한 솜털로

덮여 있어. 솜털은 몸을 따뜻하게 해 주지.

자라면서 솜털은 튼튼한 깃털이 돼.

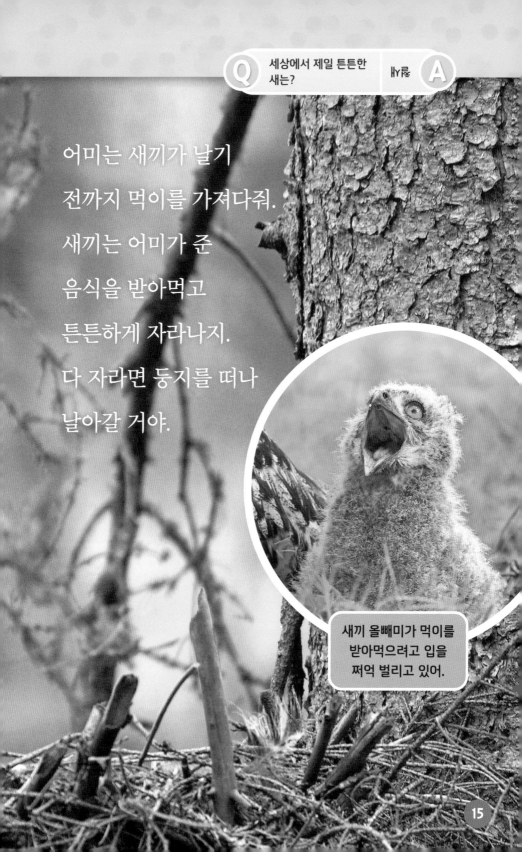

어미는 새끼가 날기
전까지 먹이를 가져다줘.
새끼는 어미가 준
음식을 받아먹고
튼튼하게 자라나지.
다 자라면 둥지를 떠나
날아갈 거야.

새끼 올빼미가 먹이를
받아먹으려고 입을
쩌억 벌리고 있어.

생각이 쑥쑥!
한살이 탐구

새끼가 자라면 어떤 모습이 될까?
생김새를 잘 살펴보고, 16쪽의 새끼가
자랐을 때 모습을 17쪽에서 찾아 짝지어 봐.

새끼

성체

3장

개구리의 변신

**한살이
용어 풀이**

부화: 동물 새끼가 알을
깨고 나오는 것.

연못에 개구리 알이 가득해!

알이 **부화**하면 곧 개구리의 새끼들이 태어날

거야. 개구리의 새끼는 올챙이라고 해.

개구리는 한 번에 알을 800~1000개 정도 낳아.

짠! 알에서 올챙이가 태어났어.

어라? 그런데 개구리랑 전혀 닮지 않았잖아!

오히려 물고기랑 비슷하게 생겼는걸?

올챙이는 **아가미**가 있어.

그래서 물속에서 숨을 쉴 수 있지.

살랑살랑 꼬리를 흔들며 헤엄도 쳐!

한살이 용어 풀이

아가미: 사람의 폐처럼 물속에 사는 동물이 숨 쉴 때 쓰는 기관.

올챙이는 이것저것 잘 먹어.

물벼룩, 작은 곤충, 물풀까지 모두 좋아해.

그런데 다리는 언제 생기는 걸까?

올챙이가 태어나고 20일이 지났어.
우아, 올챙이 꼬리 근처에서 **뒷다리**가 쑤욱
나왔네!

Q 하늘을 훨훨 날아다니는 꼬리는? A 꼬끄리

10일이 더 지나자 **앞다리**도 쑤욱 나왔어.

꼬리도 점점 짧아지고 있어.

이제 제법 개구리처럼 보이는걸?

올챙이는 자라면서 아가미가 사라지고
폐가 자라. 꼬리도 짧아지다가 완전히
사라지지. 야호! 올챙이가 드디어 개구리가
되었어.

이제 개구리는 물 밖에서 폐로 숨을 쉬고,
다리로 뛸 수 있어. 폴짝폴짝! 개구리가
힘센 뒷다리로 이곳저곳을
뛰어다녀. 개구리가 된 걸
축하해!

생각이 쑥쑥!
한살이 탐구

개구리의 한살이를
살펴보자.
'보기'에 있는
단어를 보고
알맞은 사진을
손가락으로
가리켜 봐!

보기

알	올챙이
앞다리	뒷다리
개구리	

4장

나비가 되고 싶어!

나비도 개구리처럼 알에서 태어나.

알에서 아름다운 나비가 되기까지

놀라운 나비의 한살이를 살펴보자.

1

나비가 나뭇잎에
알을 낳았어.

나비가 알을 낳은 지 5~7일이 지나면 알이
부화해.

애벌레는 다리가 많아.

애벌레는 다리로 온종일 식물 줄기를

오르락내리락해. 나뭇잎을 갉아 먹어야

하거든.

애벌레는 먹어도 먹어도 배가 고파. 그래서
나뭇잎을 먹고 또 먹어. 연노란색 몸이 점점
초록색으로 변할 때까지 말이야.

애벌레가 나뭇잎을 잔뜩 먹고
무럭무럭 자랐어. 이제 애벌레는
입에서 실을 뽑아내. 그 실로
몸을 꽁꽁 묶어서
단단한 껍질로
쌓인 **번데기**가
되지. 번데기는
나비가 되기
전까지
움직이지 않아.

번데기는 식물의
잎이나 가지 등 안전한
장소에 붙어 있어.

번데기가 나뭇가지와
비슷한 색깔로 변했어.

가만히 있는 동안 번데기는 적의 눈에 띄면
안 돼. 그래서 주변과 비슷하게 몸 색깔을
바꿔.

번데기 껍질이 벌어졌어.

끙차, 단단한 껍질 안에서 무언가가

나오는 중이야. 꽁꽁 숨어 있던

애벌레가 다시 나오는 걸까?

그런데 애벌레처럼 보이지 않는걸?

번데기에서 나온 건 애벌레가 아니야!

어른벌레가 된 나비란다.

나비는 이제 나뭇잎을 갉아 먹지 않아.

꽃 사이를 날아다니며 꿀을 빨아 먹을 거야.

생각이 쑥쑥!
한살이 탐구

알

알이 나비가 되기까지 모습은 계속 바뀌어.
사진을 자세히 살펴보고 알에서 나비가
되는 순서대로 손가락으로 가리켜 봐.

애벌레

번데기

나비

5장

무럭무럭 자라서 하늘을 훨훨

아래 사진에서 물속에 있는 동물은 뭘까?
바로 잠자리야. 잠자리는 하늘을 나는 곤충
아니냐고? 맞아. 하지만 잠자리 애벌레는
물속에서 태어나. 그리고 올챙이처럼
아가미로 숨을 쉬어.

잠자리 애벌레는
물속에서 살아.

어떤 잠자리 애벌레는 1~3년 동안 허물을 7~13번 정도 벗어.

한살이
용어 풀이

허물: 곤충이 자라면서 벗는 껍질.

잠자리 애벌레는 물속에서 모기 애벌레나 송사리 같은 먹이를 먹어. 먹이를 먹고 몸집이 커지면 **허물**을 벗지.

잠자리가 마지막
허물을 벗고 날개를
말리고 있어.

제법 몸집이 커진 잠자리 애벌레는 이제
물 밖으로 나와. 그리고 식물 줄기로 올라가.
거기서 마지막 허물을 벗을 예정이야.

두근두근, 드디어 잠자리 애벌레가
어른벌레가 되었어. 잠자리는 새로 생긴
날개를 바싹 말려. 그리고 날개를 활짝 펴서
힘차게 날아올라!

무당벌레 애벌레

한살이 용어 풀이

진딧물: 식물의 즙을 빨아 먹고 사는 아주 작은 곤충.

무당벌레 애벌레의 생김새를 본다면 깜짝 놀랄지도 몰라! 까맣고 길쭉한 몸통에 가시가 나 있거든. 무당벌레 애벌레는 잎사귀 위를 기어다니면서 **진딧물**을 먹어.

다 자란 무당벌레

무당벌레 애벌레는 허물을 4번이나 벗고 어른벌레가 돼. 등에 까만 점무늬가 콕콕 나 있는 무당벌레 말이야. 무당벌레는 이제 날개를 펴고 날아다닐 수 있어!

동물이 태어나고 자라는 모습은 다 달라.

범고래, 기린 새끼는 어미와 똑닮았어.

올챙이와 나비 애벌레는 어미와 전혀 다르게

생겼지.

새끼는 쑥쑥 자라서
어미와 꼭 닮은 성체가 돼.
더 이상 새끼 때 모습은 볼 수 없지! 성체가
된 암컷과 수컷은 짝짓기를 해. 그러고 나서
새끼나 알을 낳아.

생각이 쑥쑥!
한살이 탐구

다음 동물 중 한 마리를 골라 봐.
그다음 '보기'에 있는 단어를 번호
순서대로 넣어서 동물이 태어나서
성체가 되는 과정을 말해 보자.

보기

① 처음에는
② 그다음에는
③ 마침내

성체
다 자라서 새끼나 알을 낳을 수 있는
동물.

부화
동물 새끼가 알을 깨고 나오는 것.

이 용어는
꼭 기억해!

아가미
사람의 폐처럼 물속에 사는 동물이 숨
쉴 때 쓰는 기관.

허물
곤충이 자라면서 벗는 껍질.